U0166426

藏族

杨源 著 ／ 枫芸文化 绘

中信出版集团｜北京

图书在版编目（CIP）数据

了不起的中华服饰. 藏族 / 杨源著；枫芸文化绘
. -- 北京：中信出版社, 2021.11
ISBN 978-7-5217-3363-1

Ⅰ. ①了… Ⅱ. ①杨… ②枫… Ⅲ. ①藏族－民族服饰－服饰文化－中国 Ⅳ. ①TS941.742.8

中国版本图书馆CIP数据核字(2021)第142654号

了不起的中华服饰·藏族

著　　者：杨源
绘　　者：枫芸文化
出版发行：中信出版集团股份有限公司
（北京市朝阳区惠新东街甲4号富盛大厦2座　邮编　100029）
承 印 者：北京市十月印刷有限公司

开　　本：787mm × 1092mm　1/16　　印　　张：2.25　　字　　数：60千字
版　　次：2021年11月第1版　　印　　次：2021年11月第1次印刷
书　　号：ISBN 978-7-5217-3363-1
定　　价：38.00元

出　　品：中信儿童书店
策　　划：神奇时光
策划编辑：韩慧琴　李莉
责任编辑：陈晓丹
营销编辑：李梦淙　李雪昀
装帧设计：奇文雲海 Chival IDEA
排版设计：晴海国际文化

服务热线：400-600-8099
投稿邮箱：author@citicpub.com

序

中国是一个多民族的国家，在长期的历史发展中，各民族共同创造了璀璨辉煌的中华文明。各民族丰富多彩的传统服饰文化，体现了中华文化的多样性。

中国民族服饰不仅织绣染工艺精湛，款式多样，制作精美，图案丰富，更是与各民族的社会历史、民族信仰、经济生产、节庆习俗等有着密切联系，承载着各民族古老而辉煌的历史文化。

中国民族服饰的发展呈现了新中国各民族团结奋斗、共同繁荣发展的和谐景象，是当今中国具有代表性的传统文化遗产。

《了不起的中华服饰》是一套民族服饰文化儿童启蒙绘本。本系列图书以精心绘制的插图，通俗有趣的文字，讲述了中国有代表性的民族服饰文化和服饰艺术，涵盖了民族历史、艺术、风俗、民居、服装款式、图纹寓意和传统技艺等丰富内容。孩子们不仅可以对本套绘本进行沉浸式的艺术阅读，同时还能学到有趣又好玩的传统文化知识。

藏族主要分布在我国西藏、青海、甘肃、四川、云南等省区，他们生活在平均海拔四千多米的青藏高原上，因此被称为高原民族。从昆仑山到喜马拉雅山、从藏东的三江流域到阿里高原，大多数藏族人以畜牧业和农业为主要生产方式。由于高原地区气候寒冷，藏族人喜爱穿厚重保暖、宽大袖长的羊皮袍或氆氇袍，并佩戴饰品，这些特色浓郁的传统藏族服饰一直流传至今。

目 录

藏族历史
2

生活方式
6

节日习俗
10

看看藏族服饰
16

图案花纹
28

藏族历史

藏族历史悠久，是青藏高原的土著与古羌人等融合而成的一个民族。藏族先民早在远古时期就生活在青藏高原上，最早聚居于西藏雅鲁藏布江中游两岸，在那曲、林芝、昌都等地都曾发现新、旧石器时代的藏族文化遗迹。藏族文字创制于公元七世纪前期，通行于整个藏族地区。

我们现在熟悉的“西藏”这一称呼，是在清朝康熙年间出现的。

敦煌莫高窟壁画中的古代藏族人物肖像

娃娃：《步辇图》描绘的是什么内容呢？

杨馆馆：《步辇图》是最早反映汉藏和睦团结的历史画卷。贞观十五年（641 年），吐蕃赞普松赞干布派使者禄东赞到长安迎接文成公主入藏，《步辇图》描绘了禄东赞朝见唐太宗李世民时的情景。

《步辇图》

唐朝时，青藏高原出了一位了不起的首领松赞干布，他统一了青藏高原的各个部落，建立了吐蕃王朝。吐蕃与唐朝交往频繁、关系友好，松赞干布与唐文成公主联姻，于是有了文成公主进藏这一重要历史事件。文成公主为吐蕃带去了书籍、种子、药材和许多能工巧匠，吐蕃也派遣子弟到长安学习，这大大增加了藏族与汉族的友谊，也促进了吐蕃社会的发展。

松赞干布迎接文成公主

生活方式

藏族聚居地多高山河谷。比如西藏，这里高山连绵，雪峰重叠，有被誉为“世界屋脊”的世界上最高的高原——青藏高原；屹立于青藏高原上的珠穆朗玛峰是世界最高峰，有着“地球之巅”的美誉。

藏族民居建筑，根据地形与建筑特点可分为高山与河谷两大建筑形式。高山类修建在地势较平坦的高原草甸，多是三面筑土为墙的土木结构楼房。河谷类分布在江流河谷的两侧坡地，多为平顶碉楼式建筑，石砌或筑土为墙，楼高三层至五层。

高原地区也有水草肥美的辽阔草原，西藏是中国五大牧区之一。藏族自古以牧业和农业为生。聪明勤劳的藏族人饲养的藏系牦牛、绵羊、山羊都是青藏高原特有的家畜。高原上种植青稞麦，藏族人的主食糌粑就是用青稞制成的。

杨馆馆讲知识

为什么牦牛全身都是宝？

对于藏族人来说，牦牛肉、牦牛奶是美食，牦牛毛可编织厚实的毛布，用于覆盖帐篷，防御风雪，给藏族人温暖的家。牦牛体大耐寒，又吃苦耐劳，因此牦牛也是西藏等地牧区主要运输畜力，人们亲切地称赞它是“高原之舟”。

节日习俗

藏族的传统节日体现了浓郁的藏族文化。藏历年、雪顿节、大佛瞻仰节、望果节等是最著名的节日。其中，藏历年是藏族的新年，约在公历 2、3 月，从藏历正月初一开始，到十五日结束，是一年中最隆重的节日；雪顿节在每年藏历七月举行；大佛瞻仰节，是西藏僧俗民众每年藏历五月间在扎什伦布寺举行的大佛瞻仰宗教节日；望果节是西藏人民渴望丰收的传统节日，已有 1500 多年历史。节日期间，藏族人身着盛装，欢歌载舞，相互祝福，朝拜祈福。

藏族人庆祝节日进行藏戏表演

藏族锅庄舞

藏族妇女正在制作『古突』

藏历年是藏族的新年，同汉族的春节一样，有各种各样的传统活动。藏族人会在藏历除夕这天吃“古突”，这是一种美味的面疙瘩汤。家家户户还要制作“琪玛”。锅庄舞是藏历年最热闹的集体舞蹈，男女老少都着盛装参加。

什么是“琪玛”？

“琪玛”是一种专门为新年准备的五谷斗，在刻上五彩花样的斗里，一边是酥油糌粑，一边插着青稞穗、鸡冠花和酥油制成的彩花板，寓意新的一年五谷丰登。

拉萨哲蚌寺晒大佛仪式

雪顿节

藏语中“雪”是“酸奶”的意思，雪顿节也叫酸奶节。传统的雪顿节以规模盛大的晒大佛仪式为序幕，以隆重热烈的藏戏演出为主要内容，所以雪顿节又称为藏戏节、晒佛节。

晒大佛是藏传佛教寺院举行的传统法事活动。雪顿节初始，寺院僧侣将彩绘和织绣而成的巨大佛像铺陈在寺院附近的山坡上，供人们朝拜，表达敬意。

每年的雪顿节是藏戏班子纷纷演出的日子。藏戏服装很有特色，演员都戴面具表演，在乐队的伴奏下，边唱边舞。演出分三个部分：第一部分为“顿”，主要表演祭神歌舞；第二部分为“雄”，主要表演正戏传奇；第三部分称为“扎西”，意为祝福迎祥。藏戏是我国著名剧种之一，从表演内容到唱腔艺术，都展现出鲜明的藏族文化风格特点。

雪顿节藏戏女装

雪顿节马术表演

雪顿节藏戏表演

马术表演是雪顿节期间的一项娱乐活动。藏族人善于骑马，人人都是骑马高手。马术表演展示了藏族男子高超的马技，也增加了节日的欢乐气氛。

看看 藏族服饰

日喀则江孜藏族女子盛装服饰

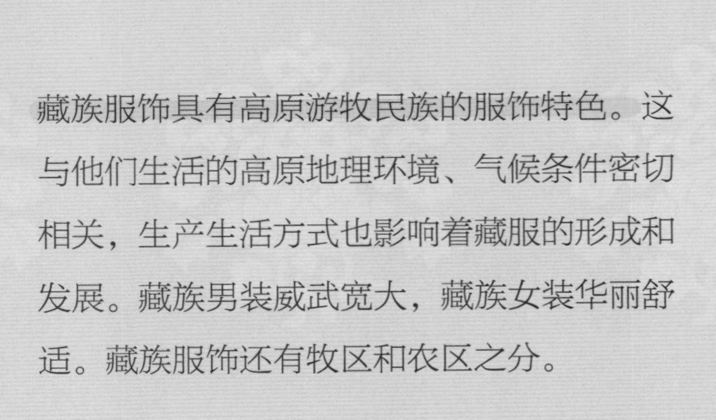

藏族服饰具有高原游牧民族的服饰特色。这与他们生活的高原地理环境、气候条件密切相关，生产生活方式也影响着藏服的形成和发展。藏族男装威武宽大，藏族女装华丽舒适。藏族服饰还有牧区和农区之分。

农区藏袍多用毛织氆氇、绸缎缝制。女子穿一件色彩艳丽的绸布内衫，外罩宽大的氆氇长袍或氆氇长坎肩，腰束彩带，系“帮典”（围裙）。内衫袖子极长，劳作时挽起，歌舞时挥动双袖，飘洒自如，体现了农区藏族人民的爱美之心。

牧区藏族服饰

牧区以皮袍为主。羊皮缝制的皮袍肥大，袍袖宽大，白天劳作时脱去两袖，束在腰间，夜里解带宽衣，可替代被子，适合高原牧区“作息一袭衣”的游牧生活方式和气候特点。牧区藏袍注重色彩组合，常用红、蓝、黄、绿等各色氆氇镶饰皮袍的边。

农区藏族服饰

藏族服饰种类

藏族服饰种类丰富，既有民族特色，又有鲜明的地域特征。不同的自然环境、民风民俗和生活方式使各地藏族服饰具有不同的风格特点。

阿里地区藏服服饰

拉萨地区藏族服饰

穿传统氆氇藏袍，披锦缎面羊皮披风，胸前佩戴嘎乌，头戴用珍珠、松石、玛瑙镶嵌而成的珠冠，额前垂挂一排银链，右肩佩戴与头饰珠冠相同的月牙形饰物。

头戴“巴戈巴珠”头饰，造型如一把大弓，弓形主体上饰有珊瑚、松石和大量珍珠。身穿长袖衫，外套藏式长坎肩，腰系“帮典”。

同一地区的藏族服饰根据所在地的不同，服饰造型也存在差异。虽然每个类型的服饰都各有特点，但总体来说，藏族人都喜爱用金银和珠宝制作贵重的佩饰。为了适应寒冷的高原生活，他们也戴各种漂亮的皮毛帽和毡帽。

林芝地区藏族服饰

身着黑色氆氇短式藏袍，外穿羊皮或熊皮缝制的贯头式皮装。系腰带，佩藏刀，头戴锦缎镶边毡帽。

安多地区藏族服饰

外穿水獭皮镶边的氆氇藏袍，系红色腰带，内穿短衫长裤，头戴毡帽，脚穿藏靴，胸前佩戴珊瑚项链。

头戴“一片瓦”头帕，身穿绸缎藏式长袍，内着百褶裙，系织花腰带，佩戴头饰、珠串和腰带钩等，具有多民族文化融合的服饰特色。

身穿锦缎面镶兽皮藏袍、绸布衬衫，系腰带，足蹬长靴，佩戴金银镶嵌珊瑚、蜜蜡、松石等精工细制的嘎乌，这是一种雕饰吉祥纹饰的护身符，被尊视为佛盒，内盛佛像或活佛的赠物等，是藏族人最珍爱的佩戴物。

康巴服饰是藏族服饰中最华贵的。康巴藏族主要生活在四川甘孜州，西藏、甘肃与四川交界的地区也有一些康巴藏族。康巴藏家女孩佩戴着琥珀、珊瑚、松石等珠玉，还有金银錾刻的嘎乌、曲玛（藏族女子佩戴在腰间的银镶珊瑚腰饰）等佩饰，装束十分华丽。康巴藏族男子同样佩戴金银珠玉和嘎乌、腰刀、火镰，头绾英雄结，神气十足。

康巴藏族男子盛装服饰

康巴藏族女子盛装服饰

穿上藏装

右图中是康巴藏族男子服饰。这个康巴男子内穿白色立领大襟绸布短衫、宽体长裤，外套镶有兽皮、花边的氆氇长袍，头戴红缨帽，腰系彩带，佩挂腰刀、火镰，脚穿皮底氆氇长靴。发辫上装饰绿松石、珊瑚、银饰，头部用红缨盘绕，佩戴珠串项饰。康巴藏族男子所穿衣袍及佩饰显示的是他们强悍勇敢的气质。

拉孜藏刀制作技艺是国家级非物质文化遗产。它的刀刃锋利，刀把用牛角或木头制成，高档的拉孜藏刀刀鞘上还盘饰银花丝，镶宝石，工艺精美。拉孜藏刀从刀刃的锻造、打磨、抛光，再到刀鞘的制坯、刻花、镶嵌等各个流程，都是藏族匠人手工制作，工艺精湛。

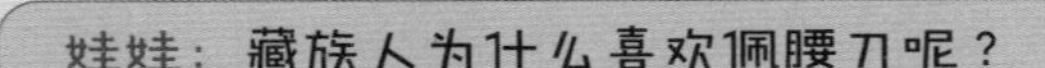

杨馆馆：小朋友，藏族人喜欢在腰上佩挂一把腰刀，这不仅美观，也非常实用。腰刀制作精美，是每个藏族人的心爱之物。它既可以当工具，也可以当餐具，是必不可少的生活用具。

佩戴腰刀的康巴藏族男子

杨馆馆：藏袍是这样穿上身的，先将袍服袖子穿上，再将袍领提起顶在头上，系好腰带再将袍领放下来，这样束腰的地方就自然形成一个“大囊袋”，里边可以盛放婴孩、小羊羔以及食物等东西！这种穿着方式源于藏族古老的游牧生活。

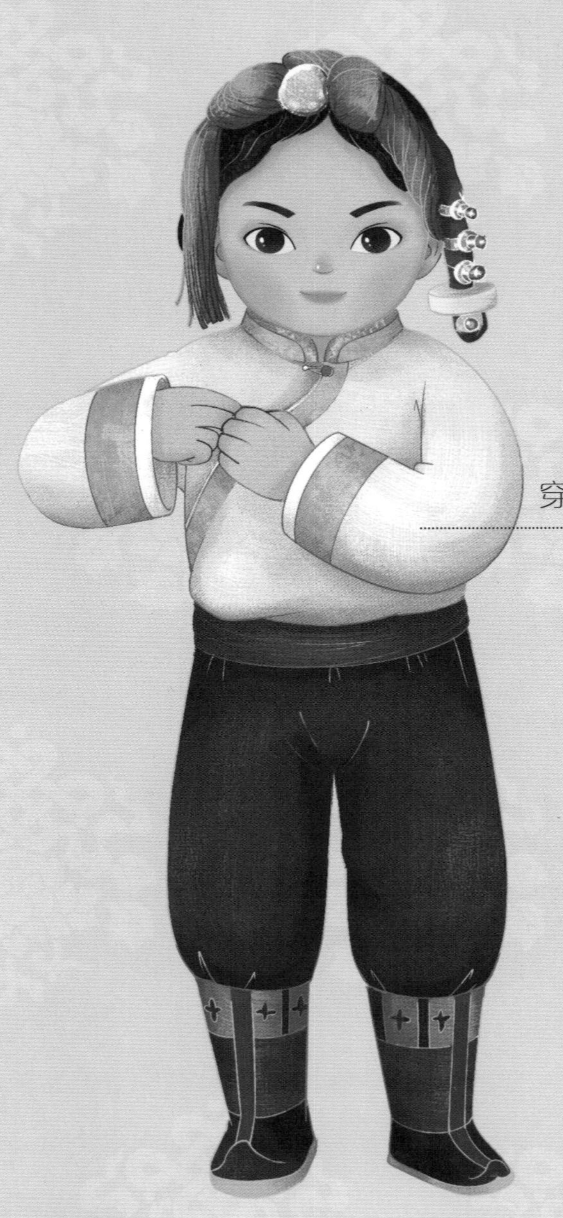

第一步

穿衬衣、长裤、靴子

第三步

系腰带

第二步

穿上氆氇长袍

第四步

佩挂腰刀、火镰等腰饰

第六步

戴上红缨帽

第五步

佩戴珠串项饰

藏族服饰的图案装饰和色彩都受佛教文化影响，最常用的就是吉祥八宝纹和卍字吉祥纹。具有吉祥含义的八宝纹图案分别是：宝瓶、莲花、右旋白海螺、法轮、胜利幢、吉祥结、宝伞、双鱼。

卍字吉祥纹

宝瓶
莲花
右旋白海螺
法轮
胜利幢
吉祥结
宝伞
双鱼

画一画，涂一涂

小朋友可以用彩色铅笔涂上美丽的色彩哟！

小朋友可以参考第 18 页的服饰图，用彩色铅笔为精美的藏族服饰涂上美丽的色彩哟！

小朋友可以参考第 23 页的服饰图，用彩色铅笔为精美的藏族服饰涂上美丽的色彩哟！